浪花朵朵

森林的自然课

[德] 卡特丽娜·特本霍夫 著　　[德] 雷娜塔·斯利希 绘

李慧 译

海峡出版发行集团
THE STRAITS PUBLISHING & DIBLISHING GROUP | 海峡书局

目 录

我们的国度：
曾被大片森林覆盖的土地

很久很久以前，在今天我们居住的城市和村庄所在的地方，覆盖着一片巨大的森林。这片森林非常大，以至于没有人能够准确知道它从哪里开始，又到哪里结束。森林里也没有专门给人行走的道路。也就是说，那是一片地地道道的原始森林，里面的一切都处在自然条件下：低矮茂密的树林、参差不齐的树木、倒在地上的参天大树、各种灌木丛以及野生动物，例如熊、狼、猞猁和狐狸。对人类来说，进入这片大到无法想象的森林是很危险的。

数千年前的人类还没有固定的住处。他们生活在洞穴里，或者用地面上散落的木头搭建简单的茅屋。那时候的人不会在一个地方停留太久。当他们在附近找不到足够的食物时，他们就动身前往下一个地方。今天我们将他们称作采集者和狩猎者。他们采集浆果、叶子和树根，捕猎熊、鹿和野猪。他们吃动物的肉，用动物的皮毛做衣服、毯子和其他有用的东西。

后来，人们发现，他们可以在土地里种植那些可以吃的植物。这意味着人们不必再拖家带口地一直迁徙。于是，人们开始开垦小块的林地——他们砍倒一个区域内的所有树木，在土地上种植作物，并建造坚固的房屋。第一批村庄就这样诞生了。在随后的几个世纪中，村庄不断发展壮大，其中的一些成为了城市。

树为人类提供木材，人们可以用它制作很多东西：房屋、家具、大大小小的船只、马车和很多其他物品。以前，在所有的房屋里，人们都会烧木头取暖。做什么都需要木材，人们一旦有需求，就去森林里砍伐树木。没有人想过要种植新的树木，因为谁都无法想象，自己的做法有一天会让如此巨大的森林缩小。

在中世纪末，也就是大约五百年前，这件事的确发生了：由于人类的砍伐，曾经绵延在德国境内的巨大森林缩小了很多。

大约两百年前，人们终于意识到必须采取行动拯救森林。于是诞生了一个新的职业——护林员。从此之后，护林员负责保护我们的森林。他们种植了大量树木，其中大部分是针叶树，因为针叶树的生长速度比阔叶树快得多。直到今天，你还能够在森林里发现大片针叶林，许许多多针叶树排成方阵，整整齐齐地矗立在那里。

现在的森林

现在的森林里有好多值得发现和体验的东西。不仅如此，森林对这个星球上的所有生命来说都至关重要。假如没有森林里的那些大树，就没有了供我们人类和其他动物呼吸的空气。

你可以试着靠在树干上，抬头看向树冠，静静地深呼吸。感受一下，在这个过程中，新鲜的空气如何进入你的鼻腔、穿过你的胸腔、抵达你的肺部。你四周的树也在用它们的数百万枚针叶或片状叶"呼吸"。最棒的是，树呼出的东西恰好是我们需要吸入的：氧气！因此，森林里的空气才总是这么清新。

树还有很多其他功能。它们能够吸走空气中的粉尘和脏东西，净化空气。不过，现在的空气污染总是过于严重，结果连树都病倒了。一些树的树叶变黄、树枝变得干枯，最终整棵树彻底死亡。在森林里郊游的时候，你可能也会遇到这样的树。

森林有点像一台巨型空调，林中的地面则像一个巨大的雨水收集桶。森林的土地可以像一大块海绵一样吸收水分。这样，土地储存了雨水，树木的根部可以牢牢地抓住泥土，风就无法将树吹走了。

如果砍伐了一整片森林，大风就会刮走地面的泥土，导致雨水无法渗进地下，太阳会很快晒干土地里的水分，树木就无法继续生长。结果，荒漠逐渐形成。这样的事已经在地球上的很多地方发生了：很久之前还矗立着森林的地方，现在只剩下大片赤裸的土地和黄色的沙石。

在森林里做客

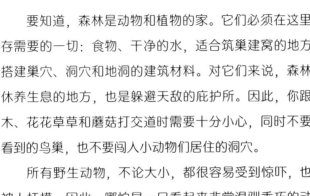

森林像一座宝库，巨大无比、生机勃勃。在森林里，我们每个人都能发现一些好东西，比如说：

- 一棵可以攀爬的树；
- 一片给人酣梦的苔藓；
- 一支鸟儿的歌；
- 一些值得观察的有趣现象；
- 一些可以搭建茅屋的枝条；
- 一条潺潺低语、讲着故事，给你冰脚丫子的小溪；
- 一块石头，一根木棍，一枚蜗牛壳。

要知道，森林是动物和植物的家。它们必须在这里找到生存需要的一切：食物、干净的水，适合筑巢建窝的地方，以及搭建巢穴、洞穴和地洞的建筑材料。对它们来说，森林不仅是休养生息的地方，也是躲避天敌的庇护所。因此，你跟各种树木、花花草草和蘑菇打交道时需要十分小心，同时不要触碰你看到的鸟巢，也不要闯入小动物们居住的洞穴。

所有野生动物，不论大小，都很容易受到惊吓，也不喜欢被人抚摸。因此，哪怕是一只看起来非常温驯乖巧的动物，也不要去摸它。有时候，动物妈妈外出觅食，幼崽就独自留在家里。千万不要抚摸这些小家伙们，不然它们会沾上你的气味。动物妈妈回来后，可能会因此认不出它们，就不会再喂养它们了。

在森林里要小心，在森林里要注意

在森林中徒步时，请一定要注意以下情况。

蜱虫

蜱虫是体形很小的蛛形纲生物，以吸血为生，能够传播非常危险的疾病。因此，你在林间散步后，要让父母从头到脚仔细检查一下，看看身上是否有蜱虫。如果有，需要尽快去医院，或者用专业蜱虫镊子将它拔出来。千万不要生拉硬拽，以免受伤或者把蜱虫头部留在体内，引发炎症。

你也可以事先擦拭能够驱除蜱虫的外用药，来更好地保护自己。

多包绦虫

许多狐狸身上有多包绦虫。这种寄生虫的虫卵极小，会随着狐狸的粪便掉落在地面、叶子或浆果上。因此，绝对不要直接食用森林里的花草或果实。否则你可能把虫卵吃进身体，这会导致身体非常不舒服。一切从森林里采摘的花草果实，哪怕是原本可以生吃的东西，都最好先用热水彻底冲洗干净或者煮熟再吃。

有毒的植物和蘑菇

有些浆果和蘑菇看上去美味可口，但可能含有会对我们造成致命危害的毒素。你一定要做到只吃大人拿给你的东西。

当你看到右边的这种告示牌时，要明白它可不是无缘无故出现在这里的。它代表着路边可能出现以下情况：

- 那里生活着动物和它们的幼崽，它们需要安静；
- 那里刚刚栽下一批树苗，不要踩到它们；
- 那里生长着受到法律保护的植物；
- 那里栖息着珍稀动物。

请勿踏入

还有一件事你可要牢记，那就是绝对不能把垃圾留在森林里！在下一页，就有一个与此相关的故事。

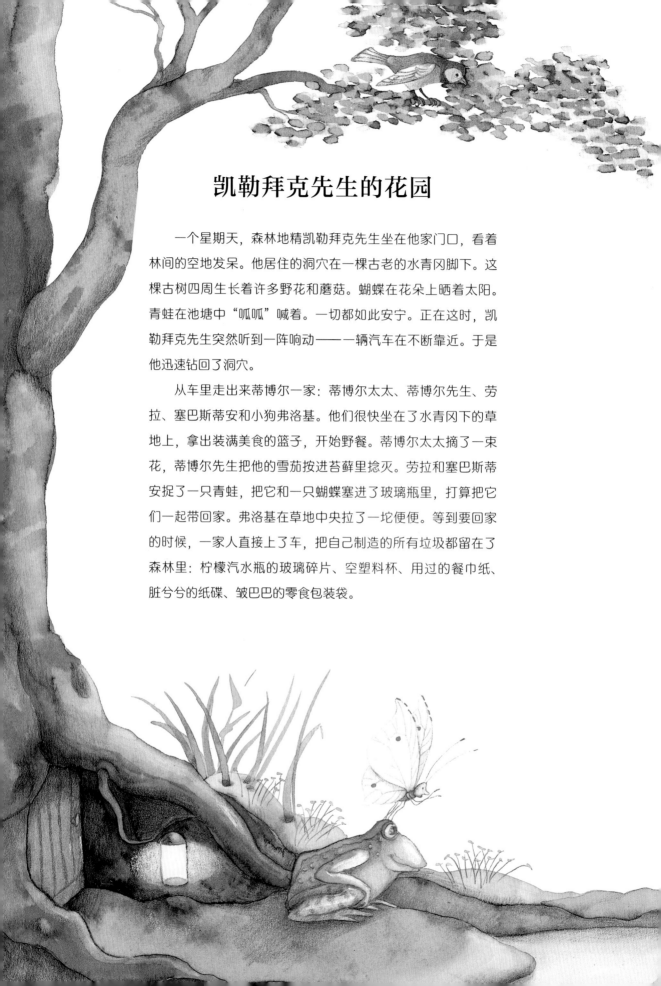

凯勒拜克先生的花园

　　一个星期天，森林地精凯勒拜克先生坐在他家门口，看着林间的空地发呆。他居住的洞穴在一棵古老的水青冈脚下。这棵古树四周生长着许多野花和蘑菇。蝴蝶在花朵上晒着太阳。青蛙在池塘中"呱呱"喊着。一切都如此安宁。正在这时，凯勒拜克先生突然听到一阵响动——一辆汽车在不断靠近。于是他迅速钻回了洞穴。

　　从车里走出来蒂博尔一家：蒂博尔太太、蒂博尔先生、劳拉、塞巴斯蒂安和小狗弗洛基。他们很快坐在了水青冈下的草地上，拿出装满美食的篮子，开始野餐。蒂博尔太太摘了一束花，蒂博尔先生把他的雪茄按进苔藓里捻灭。劳拉和塞巴斯蒂安捉了一只青蛙，把它和一只蝴蝶塞进了玻璃瓶里，打算把它们一起带回家。弗洛基在草地中央拉了一坨便便。等到要回家的时候，一家人直接上了车，把自己制造的所有垃圾都留在了森林里：柠檬汽水瓶的玻璃碎片、空塑料杯、用过的餐巾纸、脏兮兮的纸碟、皱巴巴的零食包装袋。

"冷杉球果和蜘蛛腿！"凯勒拜克先生一边用地精语言咒骂着，一边走出他的洞穴，"这儿看起来可真是太恶心了！"

巧的是，凯勒拜克先生在刚刚结束的森林地精魔法比赛中蝉联冠军，而且"物品大挪移"正是他的专长。他要用这个法术让蒂博尔一家大吃一惊！

星期一早上，一切开始了。蒂博尔先生想要取报纸，却发现信箱里插着一只碟子，上面还有吃剩的番茄酱和黄芥末酱。星期二的时候，自行车棚里出现了玻璃碎片，把劳拉和塞巴斯蒂安的自行车扎爆胎了。星期三，轮到蒂博尔太太火冒三丈了，因为她的三色堇花田里突然冒出来了许多塑料杯。星期四，花园的池塘里漂浮着许多薯条和饼干的包装袋。

这一切原本还要持续一段时间。但是，劳拉突然反应过来，大喊道："这些都是我们星期天留在森林草地上的东西！"尽管她并不理解这些垃圾为什么会出现在自己家里，但她仍然回到自己的房间，做了一个大大的牌子，并在上面写下：对不起，我们不会再犯这样的错误了！然后，她把这个牌子立在了花园前面。

到了星期天——西姆萨拉必姆 *——蒂博尔一家在自己家的门前发现了一小碗野草莓……

* 森林地精的咒语。——译者注

大树之外的森林成员

森林不止由各种高大的树木组成，低矮的小树、灌木丛、花、蘑菇、蕨类植物和苔藓也都是森林的成员。你在森林中也可以发现小溪、小水塘、各种小径和小块的草地。除了这些，森林里还生活着很多动物：狍子、狐狸、鸟、老鼠、蚂蚁、甲壳虫……它们都是森林的成员。而且，森林里的一切并不是杂乱无章、野蛮生长的。一片森林更像是一栋带地下室的四层高楼：

- 在最下面，也就是森林的"地下室"里，各种植物的根系伸展开来，扎进泥土里面，紧紧抓住泥土。这一层生活着蚯蚓、马陆和各种小爬虫。
- 在"一楼"，像地毯一样厚实柔软的落叶和苔藓紧贴着地面。很多甲壳虫在这一层安家。不少植物的幼苗就生长在苔藓里。
- "二楼"生长着各种花花草草。小林姬鼠喜欢在这些植物的茎秆之间筑巢。
- 在更高一点的"三楼"，灌木丛和幼小的树苗伸展着枝条。狍子和兔子在这里藏身。
- 在"顶楼"，高高的树木撑开它们巨大的树冠。大大小小的鸟儿和松鼠会在树枝间寻找合适的地方筑巢。

水青冈的房客

古老的水青冈里
住着四个房客。
地下室的老鼠，
常年在土壤深处，
忍饥挨饿。

二楼的这位
穿着华丽的红裙，
坐拥富足的口粮。
它的名字是松鼠，
它总得意扬扬。

继续往上，
啄木鸟开了个小作坊。
它可是懂艺术的工匠，
整日里敲敲凿凿，
木屑飞扬。

最顶端的树梢上，
一位娇小的音乐家
在巢中放声歌唱。
这四层楼里，
可从没有一个房客
来把租金交！

鲁道夫·鲍姆巴赫（Rudolf Baumbach）

森林树木：水青冈、橡树、落叶松、冷杉和其他树木

仔细观察一棵树，你会首先看到粗壮的树干，树皮紧紧保护着它；树干上分出许多树枝，树枝上长满了树叶；在地面下的泥土里，树根向各个方向伸展着。

所有树都有树干、树枝和树根，尽管它们看上去各不相同。我们通常把树木分为阔叶树和针叶树两大类。多数阔叶树的叶子会在秋天落下，但很多针叶树四季常青，针状的树叶全年不落。

森林里生长着许多树，比如枫树、桦树、水青冈、橡树、白蜡树、云杉、欧榛 *、松树、椴树、落叶松、冷杉、榆树。接下来，我将向你介绍其中一些森林树木。

* 原产地为欧洲，中国辽宁引进栽培出一些品种。——译者注

水青冈

水青冈的灰色树干十分光滑，看起来像一条粗壮的象腿。

秋天的时候，水青冈下满是棕色的裂果和坚果，它们里面包裹着小小的三角形果实，这对小林姬鼠、松鼠和狍子来说，可是真正的美味。剥开果壳并不容易，却很值得一试。你不妨也尝试一下！

很久以前，人们用水青冈的树叶来做床垫，睡在上面你会感到十分温暖舒适。

黄油面包夹水青冈叶

你一定要在四月品尝一下水青冈柔软鲜嫩的绿叶。它们吃起来有一点酸，还有一点甜——这就是春天的味道。你也可以带一些嫩叶回去，夹在黄油面包里。吃起来也非常美味！

橡树

你可以通过粗壮无比的树干、外表独特的树皮和形状别致的树叶，准确识别出橡树。它的树皮坑坑洼洼、粗糙不平；树叶边缘是波浪形的，凹陷进去的部分还很深。

生长多年的橡树体形巨大、枝干弯曲，对许多动物来说，它都像是一家舒适的旅店。普通鵟（kuáng）在最高处的枝丫间造窝；枝叶繁密的地方则居住着一些体形较小的鸟，比如蓝山雀、叽喳柳莺、红尾鸲（qú）；蝴蝶在树皮的裂缝里产卵；小林姬鼠在地下的树根之间造窝。在橡树附近你还经常能看到松鸦，当橡子（橡树的果实）成熟并从树上掉落时，松鸦会来采集它们。

据说现存的橡树有的已经生长了大约两千年。也许，在很久以前，有一头熊曾经在这样一棵古老的"祖宗树"的树干上蹭过它的后背，而在那一刻，我们的大地上还绵延着广阔无垠、郁郁葱葱的森林。

向上

一群苍蝇对冷杉说：
"不管你怎么努力伸展四肢，
都没法让树梢长到天上。
这一切都是命中注定的。"
冷杉仍然骄傲又平和，保持着沉默，
继续努力向天空生长。

苍鹰向着太阳翱翔，
哪怕永远无法够到太阳，
公鹅却丝毫不努力，
满足于低低地飞过草地。
这一切苍鹰看在眼里，
但它绝不会向公鹅看齐。

鲁道夫·鲍姆巴赫（Rudolf Baumbach）

冷杉和云杉

在冬天，几乎所有树木的叶子都掉光了，冷杉和云杉却依然穿着它们绿色的针叶"连衣裙"。等到了春天，你会在它们的树枝末端发现绿色的小尖。不妨从这些大树上摘下一个"小绿尖"，品尝它的味道。你会发现它尝起来有点像酸酸的水果糖，又有点像涩涩的肥皂泡。

尽管冷杉和云杉的外表非常相似，但是仔细观察球果，你还是可以很容易地区分出它们。冷杉的球果向上直立在枝头，而云杉的球果会从树枝上垂落下来。冷杉和云杉的树干都有鳞片状的裂纹，看起来有点儿像鳄鱼皮。

16

落叶松

落叶松没有片状叶，只有针状叶，但它的针叶并不扎人。秋天的时候，针叶会变金黄，然后掉落。

在古老的童话故事里有这样的传说：一些叫作"幸福姑娘"的精灵喜欢在落叶松脚下居住。她们穿着带银色小铃铛的白色连衣裙，很喜欢帮助那些陷入危难的人。

 ### 浴缸里的森林气息

你可以采集绿色的落叶松松针，泡澡时，它们会为你带来森林的气息：将一把松针放入锅中，加水煮一会儿，直到煮出落叶松的香气，再把这锅水倒入你的洗澡水中。这样一来，你就可以获得一次清新宜人的森林香氛沐浴体验了。

你需要：
- 一个大松果
- 一块小木板
- 一把锤子
- 一根钉子

 ### 天气预报站

用锤子小心地把钉子钉进木板，直到钉穿，再把松果放在穿过去的钉子尖上，要保证松果能够牢牢地立在上面。这样一来，你的天气预报站就大功告成啦！它能够向你展示待会儿会不会下雨。这背后的原理是：当空气十分潮湿的时候，松果上的鳞片会紧挨在一起；当天气干燥时，它们又会舒展开。

森林居民：狐狸、獾、野猪、狍子、野兔、穴兔和松鼠

森林里生活着各种各样的动物，数不胜数。有用六条腿或八条腿爬行的虫子，也有用两条腿或四条腿奔跑的动物，这些动物又可以分成有羽毛的和没羽毛的，体形大一些的和体形小一些的，棕色的、黑色的、其他颜色的和彩色的。它们有的生活在地下，有的生活在树上。它们的行动方式各不相同：有的飞，有的跑，有的爬行，有的蠕动，有的悄悄滑行，有的奋力攀爬。它们的叫声五花八门：有的能吟唱婉转动听的歌曲，有的会发出"呼噜呼噜"、"咕噜咕噜"的嘟囔声，有的爱"吱吱"、"咕咕"、"呱呱"地乱叫。接下来，我将向你介绍其中一些森林居民。

狐狸

狐狸大概有中型犬那么长（大约八十厘米），有棕红色的皮毛和尖尖的耳朵。它那醒目的尾巴又长又浓密。狐狸会在地下打很多洞，各个地洞之间有通道相连，所以它的地洞有很多入口和出口。每年春天，母狐狸会在地洞里生下三到六只幼崽。

狐狸是杂食动物，最喜欢吃老鼠、幼鸟、穴兔等小动物，也爱吃腐肉（动物的尸体）。浆果和水果也是它们喜爱的食物。

从前，狐狸只生活在森林里。但现在，很多狐狸出现在城市中。因为在垃圾堆和花园里，它们更容易找到食物。

狐狸害怕人类，会有意避开我们。因此，人们几乎不可能亲眼看到狐狸。假如你碰到一只看上去一点儿都不认生的狐狸，也千万不要摸它。它很可能有狂犬病，万一咬你一口，就会把疾病传染给你。

狐狸与葡萄

觅食的狐狸发现了一根葡萄藤，
挂在高高的墙头，上面长满沉沉的果实。
它们看起来很好吃，但狐狸够不着。
于是它蹑手蹑脚，四处寻找别的方法，
却什么也没找到！
它仔细打量葡萄藤，觉得跳起来也摘不到。
不远处的树上落了一群鸟，
为了自己的面子，
它只好轻蔑地拉下脸，转身说道：
"为什么要白费力气？
这些葡萄又酸又涩，反正也吃不了。"

卡尔·威廉·拉姆勒（Karl Wilhelm Ramler）

狍子

突然之间，"咔嚓"一声，一只棕色的大家伙向森林深处飞奔而去——你刚刚惊动了一只狍子。屁股上的白色绒毛就是它的特征。

狍子是真正的美食家，它们喜欢吃草、水果和小树上的嫩芽。

六月的时候，狍子会产下宝宝，幼狍的皮毛上有白色的斑点。

獾

獾有点儿像那种爱独自一人嘟嘟囔囔的老爷爷，它最喜欢待在自己舒适的洞穴里，非常讨厌受到打扰。因此，你几乎见不到它。不过，如果运气好的话，你也可能在森林里发现它家的入口。

只有夜幕降临的时候，獾才会从它的地下巢穴里跑出来觅食。獾一点儿都不挑食：它强壮有力的爪子能够碰到的、个头不大的食物，它几乎都喜欢吃，例如蚯蚓、树根、浆果和蘑菇。

獾是非常好看的动物。它的背部覆盖着灰色的毛，四肢的毛是黑色的，头上黑白相间。獾的身长大约有五十厘米。

一群小狍子

"小狍子啊，小狍子啊，咱们四个
就在这里的草坪上好好玩，
尽情吃草，尽兴蹦跳，
开开心心闹一闹。
你们瞧，不管是猎人还是猎狗，
没有一个在附近打扰。"
可是看呐，沿着田地走来一个农夫，
他小心翼翼地迈着脚步；
小狍子们瞥到了他，心中想：
这个人还远，一时半会儿没什么影响。
等农夫真的走到了跟前，
它们一眨眼就跳开啦！

威廉·海伊（Wilhelm Hey）

浣熊

傍晚，天色渐渐昏暗，浣熊从它们睡了一整天的窝里爬出来。现在，它们要开始打劫了——这当然是个玩笑。浣熊脸上黑黑的"眼罩"使它们看起来像是要抢银行的劫匪一样。相貌滑稽的浣熊比猫大不了多少。它们原本来自北美洲，现在也逐渐适应了欧洲一些地区的环境。它们的饮食习惯可谓"来者不拒"，从虫子、小型哺乳动物到树根，没有一个不是它们的食物，水果更是浣熊的最爱。在城市和村庄里，人们有时能看到它们在垃圾桶旁翻找食物的身影。"浣"的意思是洗。它们叫浣熊，难道是因为它们爱洗澡吗？并不是。人们叫它们浣熊是因为它们经常在水中寻找食物，这看上去就像要把食物洗干净一样！

野猪

森林里有不少野猪，不过你很难碰见它们，却时常能够发现它们留下的各种痕迹。它们会用长长的鼻子努力搜寻食物，例如鲜美的植物根部、蘑菇、橡子等。这时，地面会被翻搅得一塌糊涂。它们也喜欢泡澡，而且不需要浴缸：许多野猪一起在泥潭里打滚是它们的泡澡方式。它们的"集体浴"会在烂泥上留下明显的痕迹。

野兔和穴兔

野兔和穴兔乍一看很像，但实际上，它们有很多区别。野兔居住在森林边缘、草地和田野上，在地面刨个坑就能住进去。穴兔则会打好多地洞，每个洞都带着许多出口和入口。野兔独居，穴兔喜欢群居。野兔比穴兔大，耳朵也长得多。野兔跑得非常快，穴兔喜欢慢悠悠地蹦蹦跳跳。野兔绝不能生活在笼子里，毛茸茸的穴兔却温驯得多，因此我们可以把穴兔驯化成宠物。

小兔子

今天我躺在
冷杉林深处的伞下；
大雨穿过枝叶的缝隙，
在夏日泼洒。

突然，潮湿的草地传来声响——
嘘！安静，别动！
一只蜷缩着的小兔子
出现在我的身旁……

傻乎乎的小兔子，
你难道看不见我？
你的小鼻子难道
闻不到我？

小兔子一动不动，
耳朵使劲往后，
一脸狡黠又满足地
卖着萌。

于是我躺在那里，几乎不敢呼吸，
任由蚊子叮咬；
任由我的小客人
安静地盯着我的靴子头……

克里斯蒂安·摩根施特恩（Christian Morgenstern）

松鼠

哪里矗立着高大的树木，哪里就生活着松鼠。你可以在公园、花园和森林里看到这些爬树能手，请仔细观察它们如何用闪电般的速度攀着树干蹿上蹿下，又如何像小小的杂技演员一样在树枝间跳来跳去。松鼠很好认：它们身长约二十厘米，有棕红色或深褐色的皮毛，浑身上下就属那毛茸茸的长尾巴最醒目啦！松鼠可以从一根树枝上跳到另一根树枝上，甚至可以从一棵树上跳到另一棵树上。为了下落后能用后腿稳稳地站住，松鼠会把长长的尾巴当作平衡杆和降落伞。睡觉的时候，松鼠会用绒球般的尾巴裹住自己，就好像盖了一床被子一样。

松鼠的住处十分独特。冬天，树叶掉光的时候，稍稍留心，你也许会在高处的树枝之间发现一个体积可观的"球"，它就是松鼠的窝。松鼠窝由树枝组成，里面铺上了苔藓、动物的毛发和鸟类的羽毛，能够很好地御寒。

每只松鼠都有好几个窝，其中最常用的是主窝，主要用来居住、休息和养育后代。冬天最冷的时候，松鼠们会紧紧依偎在一个窝里，互相取暖。

松鼠窝也是储藏过冬食物的地方。松鼠会在里面存放坚果、橡子等果实，以免在冬天挨饿。

此外，松鼠还会搭建专门用来藏身的窝，以便躲避天敌（比如鼬）。

松鼠

谁给你梳头，小松鼠？
当有人把纸放到你的身上，
你是否会扭来扭去，
好让你的尾巴保持卷曲？

是不是每当你坏掉一颗牙，
都必须去看一次牙医？
又会不会因为吃了太多坚果，
经常肚子疼呢？

约翰·班尼斯特·塔布（John Banister Tabb）

坚果非常美味，可以作为过冬的食物，这一点，每一只松鼠宝宝生来就知道。但是，它们需要不断地尝试，才能学会如何用自己的牙齿嗑开异常坚硬的果壳。

观察蚁群

森林里最强壮的动物是谁？它们体形极小，身体呈棕色或微微泛红，有六条腿和两根长长的触角，总在地上爬来爬去——它们就是蚂蚁。

森林蚂蚁能够运送比自己重很多的东西，对它们来说，把树枝拖回家就像我们拖着一根十分粗壮的树干穿过整条街道一样。

森林蚂蚁居住在蚁穴中，蚁穴由无数冷杉针叶和小树枝一根一根垒成。所有材料由成千上万只工蚁一点儿一点儿搬运回去。为了建造这样一个城堡，蚂蚁们必须投入漫长的时间和艰辛的劳动，一直努力干活。

在蚂蚁城堡的深处生活着蚁后。蚁后会产下好几千颗卵，工蚁负责照顾这些微小的卵。从卵里钻出来的蚂蚁幼虫又小又短，看上去像白色的蠕虫。幼虫会变成蛹，蛹看起来像白色的

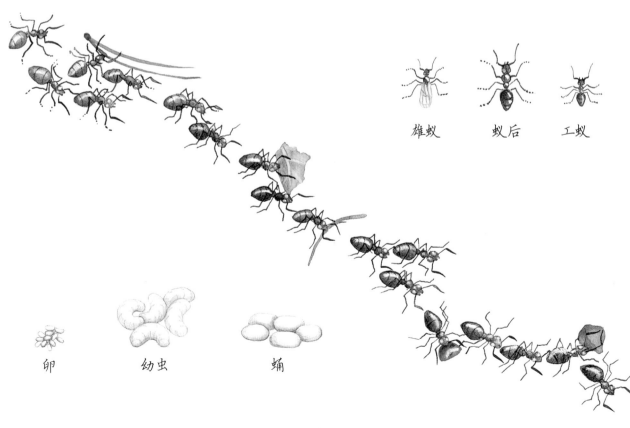

雄蚁　　　蚁后　　　工蚁

卵　　　幼虫　　　蛹

聚焦筒

蚁穴中的一切都密密麻麻的，要看清楚某个位置发生的事情并不容易。但聚焦筒能够帮助你更轻松地做到这件事。

不妨自己动手做一个聚焦筒：剪下一片大小合适的纸，将它绕在一段管子上粘好。这样一来，你就拥有了属于自己的聚焦筒。

蚂蚁和蟋蟀

"哎，唱啊唱，你就知道唱！"
在光秃秃的田野上，
蚂蚁像一位严肃的老师，
训斥兴高采烈的蟋蟀。
而蟋蟀说："冬天很快就要来了。"
"然后呢？"
"哎呀，然后，
我们就死了。"蟋蟀坚定地回答，
"现在的你
却只知道坐在满满的粮仓里，
我呢，选择在尽情享受了一顿大餐之后，
守着空空的厅堂，放声歌唱。"

戈特利布·康拉德·普菲弗尔（Gottlieb Konrad Pfeffel）

森林鸟类

森林里生活着很多鸟。只要你保持安静，侧耳聆听，很快就能意识到这一点。尤其是春天的时候，你会听到一场由成千上万只小鸟表演的音乐会。

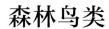

叽喳柳莺

这种橄榄棕色的小鸟有这样一个名字，完全是因为它总在"叽喳叽喳"地叫着。叽喳柳莺喜欢把自己的巢藏在黑莓 * 丛里。它的巢看起来像一个超级迷你的烤箱，它最爱的食物是小昆虫和蜘蛛。

* 非中国本土植物，在国内并不常见。——译者注

松鸦

松鸦跟鸽子差不多大，并且非常好认：它的翅膀上有蓝黑相间的条纹，色泽亮丽，十分好看。

松鸦并不会唱婉转动听的歌曲。它嗓音沙哑，常常扮演"森林警报器"的角色：一旦发觉人类或者其他天敌，它就会用叫声发出警告，提醒其他动物迅速躲起来。在林间漫步时，你可以留心一下，是否能听到它"嘎啊——嘎啊——"的叫喊声。在听到叫声之后，除了爬行动物，你可能很难再看到别的动物了。橡子、水青冈的果实和坚果都是松鸦百吃不厌的美食。松鸦会用强劲有力的喙（鸟类的嘴）在地面挖洞，好把它珍爱的食物藏起来。然而，它常常忘记自己把食物藏在哪儿了。于是等到来年，这些被遗忘的种子就会破土而出，长成一棵棵小树。

普通鵟

森林的边缘，一只大鸟在树梢和草地上空滑翔。你时不时就能听到它的喊叫："嘿嗷，嘿嗷！"这种声音有点像猫咪在喵喵叫，但发出叫声的其实是普通鵟。它正试着凭借犀利的目光发现在草丛里穿行的老鼠，好让自己饱餐一顿。

大斑啄木鸟

从很远的地方你就能听到几声响亮的"笃笃笃"。这声音表示，一只大斑啄木鸟正用它长长的喙在树干高处腐朽的地方凿洞：它要在里面建造自己的巢。

雄性的大斑啄木鸟拥有黑白相间的漂亮羽毛，脑袋上还戴着一顶"小红帽"。这些特征能帮助你一眼认出它来。

啄木鸟喜欢吃昆虫的幼虫。觅食的时候，啄木鸟会先在树皮上啄一个小洞，然后用长长的、黏黏的舌头从洞里面钩出美味的昆虫幼虫。冷杉球果往往是它的饭后甜点，因此，你时常能在树下发现一些里面被吃得干干净净的球果果壳。

 ## 魔杖

森林的地面上总是散落着一些鸟类的羽毛，春天的时候羽毛尤其多，因为春天是鸟儿们换毛的时节。找一根木棍，把这些羽毛和彩色的珠子、铃铛一起绑在上面，你就拥有了属于自己的魔杖！

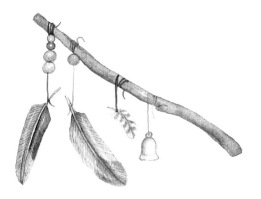

小小的森林植物

森林里，大小各异的花草数不胜数。接下来，我要向你介绍其中的几种。也许在郊游的时候，你就会和它们相遇。

凤仙花

凤仙花是一种十分特别的植物。夏末时它会长出圆鼓鼓的果荚，轻轻一碰，果荚就会"爆炸"，把种子弹射出去。因此，这种植物的花语是"别碰我"。

此外，凤仙花也可以作为药材。如果你在森林里不幸被蚊虫叮咬，痒得不行，不妨摘下一枝凤仙花，掰开它粗壮的茎，用汁液涂抹被叮咬的地方。在一阵清凉之后，那里瞬间就不痒了。

凤仙花

槲寄生

你知道魔法师米拉库利克斯 * 是如何酿出令阿斯泰利克斯变得不可战胜的魔法饮料的吗？他用金色的镰刀割下了一种神奇的植物，它经常长在高高的落叶树枝头，是一种奇怪的球形植物，它就是槲寄生。

要知道，绝大多数植物的根都生长在泥土里，但是槲寄生的根却长在树枝上，树木会向槲寄生提供营养。秋天的时候，它会结出小小的白色果实。这种果实是许多鸟儿的美味佳肴！这些鸟儿会把槲寄生的种子从一棵树带到另一棵树——通常是通过它们的粪便。经过了鸟儿的胃和肠道之后，槲寄生的种子能更好地发芽。

槲寄生

*米拉库利克斯和下文的阿斯泰利克斯都是漫画《阿斯泰利克斯历险记》（Astérix）中的角色，这本书是法国最成功的系列漫画之一。——译者注

柳叶菜

柳叶菜

夏天的时候，柳叶菜那一朵朵盛放的紫红色小花十分醒目。柳叶菜生长得很茂盛，所以你可以放心地摘走一束美丽的花朵，不必担心蜜蜂会因此没有足够的食物。秋天的时候，成熟的果荚裂开，里面会冒出一朵朵柔软的白色"棉花"。因此，在德国，人们也将柳叶菜称作"假棉花"。

疆南星 *

在灌木丛和潮湿的地方生长着一种独特的植物。它大约三十厘米高，五月开花，花朵像一个脏脏的袋子。这种植物就是疆南星。疆南星散发的味道对我们人类来说不是很好闻，它用这种气味吸引苍蝇飞过来，然后用自己的花朵"捕获"它 **。秋天的时候，疆南星会结出鲜红的浆果，这些果实长在粗壮的绿色茎秆上，看起来很美。不过，千万要小心这些漂亮的浆果：它们有毒！

* 在我国只分布在新疆南部。——译者注
** 疆南星的花朵内壁十分光滑，长满向下的诱捕毛。昆虫一旦跌入其中就无法逃脱。——译者注

疆南星

银莲花

银莲花

当树木还没有长出叶子的时候，春天已经在森林的大地上撒下了成片的白色小花。这就是银莲花。你可以采下几朵带回家，把它们泡在水里。接下来的几天，好好欣赏这些漂浮在水面上的"白色小星星"吧！

毛地黄

在传说中，如果可以看到毛地黄的花朵，你就离矮人和精灵不远了！毛地黄的花朵十分美丽，但千万不要碰它，因为这种植物是有毒的。

毛地黄

熊葱

熊葱

春天的时候，很多水青冈林的土地上都覆盖着绿叶织成的地毯。这些叶子散发出大蒜的气味。

从前，欧洲人认为，这种味道会将熊从冬眠中唤醒。据说刚刚醒来的熊十分饥饿，会用这种鲜嫩的植物来填饱肚子。于是人们管这种植物叫熊葱。人们相信，多亏了熊葱，熊才能变得如此强壮健康，所以它应该也能让我们获得神奇的力量，像熊一样强壮。

"熊壮"春日酱

把熊葱洗净切段，放到碗里。加入橄榄油、瓜子仁和磨碎的奶酪。用电动搅拌棒把它们打成绿色的酱，放入盐和胡椒调味。

熊葱酱搭配带皮的烤土豆、新鲜的面包或者面条都非常好吃！祝你吃得开心！

制作四人份的酱，你需要：
- 约二十片熊葱叶子
- 一把瓜子仁
- 半杯橄榄油
- 四勺磨碎的奶酪
- 盐、胡椒
- 一个碗和一根电动搅拌棒

蘑菇：林中稀客

蘑菇会出人意料地从土地里迅速地冒出来。可能昨天这里还空无一物，今天它就出现在你眼前。尤其在秋天和天气潮湿的时候，森林的一些地方会挤满各种蘑菇：它们有大有小，头上顶着红色、白色、棕色或者黄色的帽子。蘑菇的形状千差万别：有的是球形的，有的像撑起的小伞，有的像顶宽檐帽，有的像管子，有的像喇叭。你可能会在某个地方发现一朵巨大的蘑菇，也可能会在某些地方看见许许多多紧挨在一起的小蘑菇。

有的蘑菇吃起来非常美味，有的蘑菇有剧毒。蘑菇的种类太多，普通人很难准确判断出哪种蘑菇是可食用的。如果你认识一个懂蘑菇的行家，可以请他带你一起进行一次探秘蘑菇的森林之旅。

牛肝菌　　鸡油菌　　毒蝇伞　　硬皮马勃

无论能否食用，所有蘑菇对森林都十分重要。它们从腐烂的木头和枯萎的植物中获取营养，是森林的"垃圾采集器"。

据说，毒蝇伞这种蘑菇能给人带来好运。如果你在森林里——通常是冷杉或者桦树下——发现了它，那可真是一件值得高兴的事情！你可以仔细观察这种外表鲜艳的蘑菇，但千万不要碰它，因为它有剧毒。

木耳

苔藓床上的美梦

你曾经仔细观察过苔藓吗？在放大镜的帮助下认真看看它们，你就能发现一个奇妙的世界。覆盖在森林地面上的大片苔藓像是一块巨大的海绵，能够吸收大量水分，对整个森林十分重要。一场大雨过后，苔藓会把雨水吸收并储存起来。如果之后长时间不下雨，它会慢慢地把湿气释放出来。

赤脚走在苔藓上的感觉真是美妙极了，快试一试吧！一片柔软又厚实的青苔铺成的地毯正在向你发出邀请——请你躺下好好休息，做个美梦。躺在上面的你也许会在半梦半醒之间，看到一个好奇的矮人或者森林精灵。它突然出现，带你四处探索，给你指路，告诉你从哪里可以跨过蜘蛛丝架起的小桥，进入童话世界。童话世界并不遥远，它的入口也许在不远处的树后面，也许在一朵小花里，也许在溪边的一块小石头下面……

毛灯藓

真藓

葫芦藓

白发藓

地钱

曲尾藓

我知道村子前有一片草地

我知道村子前有一片草地，
花儿们五颜六色，
一条小溪从草地上流过，
赤杨和白桦是它的源头。

在赤杨和白桦的树叶之间，
在摇摇晃晃的细枝上面，
一对叽叽喳喳的麻雀夫妇
搭建了它们温暖的春天小窝。

不知道还会有多少浪花旋转着
从长满青苔的石头上越过，
旋转着，旋转着，路过麻雀的小窝，
直到我也建造好我自己的那个……

路德维希·甘霍夫（Ludwig Ganghofer）

树根与矮人国

两根树根

两根古老又粗壮的冷杉树根
在森林里说着话。

它们在地底下
交换树梢间飘过的八卦。

一只上了年纪的松鼠坐在一边,
大概在给它们织长筒袜。

一根树根说:"哎。"另一根树根说:"呀。"
一天就这么过去啦。

克里斯蒂安·摩根施特恩（Christian Morgenstern）

矮人花园 *

在那些古老大树盘根错节的树根之间,在石块的细小裂缝中,在小小的地洞中,在绿色的苔藓里,隐藏着矮人、精灵和地精的住处。

如果你发现了这样的地方,不妨竖起耳朵耐心倾听,睁大眼睛仔细观察。也许这些小家伙正待在自己家中,你的到访可能会让他们非常开心。你就在这里稍作停留,顺便建造些漂亮的东西吧。比如说,你可以利用身边的鹅卵石、落叶、小树枝等材料,建造一个矮人花园。

* 在德国,矮人被视为花园的守护神。传说中,它们会在夜间施法,帮助花园的植物生长,人们常用矮人的雕像来装饰花园。——译者注

森林工匠

白天,矮人会时常坐在冷杉树梢,倾听飞鸟和微风带来的故事。他们是森林里的快乐工匠,总是唱着歌、跳着舞、扛着锤子,到深山里寻找金币和珠宝。如果你在青苔上梦见了一支欢快的歌或者一段欢乐的舞蹈,很可能是因为一群矮人正从你身边经过。

小姑娘和矮人国

（根据格林兄弟的《格林童话》改编）

　　从前有一个小姑娘，她在花园的玫瑰丛里发现了一封神秘的信。小姑娘还不识字，于是她把信交给母亲。原来这封信是来自矮人国的邀请，请她去参加一个矮人宝宝的满月庆祝会。这件奇怪的事让小姑娘有点儿害怕，但是她的母亲说服她接受了邀请。

　　于是三个矮人过来接小姑娘。它们把她一直带到森林深处，带到一棵高大又古老的水青冈下。树根之间有一扇小门，那是矮人国的入口。大家穿过小门，来到矮人的国度。这里的一切都很小很小，又非常漂亮。丰盛的宴席已经摆好，矮人妈妈带着她的宝宝走出来，欢迎小姑娘的到来，并且向大家宣布庆典开始。所有人都尽情吃喝、跳舞、唱歌。

　　后来小姑娘累了，想要回家，但是矮人们热情地挽留她，让她再待上三天。这三天过得像一场梦一样，矮人们竭尽全力让这个人类孩子过得开心。最后，小姑娘向矮人们表示感谢，并和它们告别。她用最快的速度赶回家中，但是当她到了家里，发现一切都变了：一个她从来没有见过的老妇人从她父母的房子里走了出来。她的父母在哪里？这个陌生的女人又是谁？为什么家里的一切都变得很陌生？在问了很多问题后，她终于搞清楚了，这位老妇人就是她的母亲！原来她待在矮人国时，人类世界已经过去了好多年。对她来说，自己只玩了三天，但对其他人，却已经过去了整整三十年！

森林侦探登场

在森林里，很多动物会因为害怕人类，躲藏起来。还有一些动物白天睡觉，晚上活动。你很难见到这些容易受惊的森林居民，但可以发现其中一些动物在森林里留下的各种痕迹。通过"阅读"这些痕迹，你可以判断出哪种动物曾经出现在这里。有的时候，你甚至可以看出它们吃了什么。接下来，我就向你透露一些森林侦探的必备知识。

一名真正的森林侦探需要拥有以下装备：

- 一个放大镜
- 一把卷尺
- 一本痕迹鉴定手册
- 纸和笔

足迹

在雪地、泥泞或松软的土地上，你最容易发现森林动物的足迹。

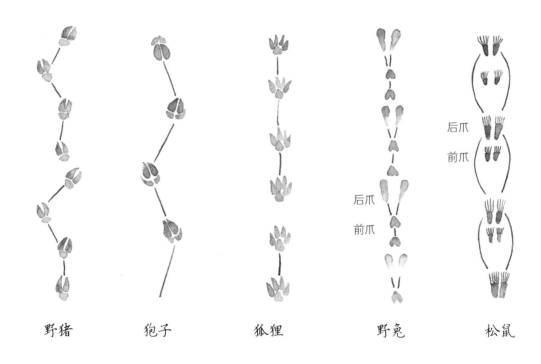

野猪　　　　狍子　　　　狐狸　　　　野兔　　　　松鼠

啃食的痕迹

很多小动物几乎一整天都在忙着寻找食物。它们会留下一些啃食的痕迹。

如果你发现了一个被啃过的冷杉球果，可以仔细观察，判断是谁刚刚在这儿填饱了它的小肚子。

小林姬鼠会非常仔细、有条不紊地啃掉球果的所有鳞片，只留下光秃秃的纺锤形果壳。

松鼠会用它坚硬的牙齿咬开球果的鳞片，所以周围很多地方都会留下鳞片的碎屑。

对很多森林居民来说，坚果是格外美味的食物。但是，打开它坚硬的外壳并不容易。动物们想方设法吃到坚果时，会在坚果壳上留下不少痕迹。我们通过这些痕迹就可以判断出究竟是谁光顾了这里。

如果你发现了一大堆坚果壳，它们全都裂开了，而且顶部都有一个小洞。毫无疑问，曾经有一只松鼠在这里辛勤"工作"过。

如果坚果的顶部有一个圆圆的洞，周围都是极其细小的齿痕，说明小林姬鼠曾经在这里出现过。

带很多孔洞的树叶则意味着饥饿的毛毛虫曾经来访。它们真的很贪吃！

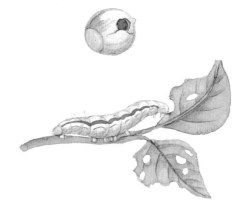

木头堆上的小憩
——了解木材的重要性

在林中漫步时，你也许会在路边看到不少树干。伐木工人把它们砍倒并堆在一起。人们用大型机械将这些树干从森林运到木材厂，在那里把它们加工成木板或者合适的木块。

人们可以用木材制作出很多物品。环顾四周，看看你能在家里发现多少木头做的东西。桌子、凳子、门，甚至窗户、地板和楼梯都可能是木头做的！在厨房里，你会发现木头做的案板、汤勺、拌沙拉的叉子和筷子等各种餐具。在你的房间里，一定也有很多木头做的玩具，比如一只玩具木马、一列带轨道的小火车或者积木块。就连你的彩色铅笔和画纸也是木头做的。

盖房子的时候，人们会用到很多木材。木工要用木梁搭建一个承载屋顶重量的框架。有的房子甚至完全是用木头搭建的。

要制造这些东西，需要很多木材。这些木材都是森林里的树提供给我们的。护林员必须监督人们在砍下一棵老树时，栽下一棵新树。这一点非常重要。不然的话，森林就会不断缩小，直到没有树可以给我们用。因此，你会在森林里发现，一些地方生长着很多刚刚种下不久的小树，那就是育林区。有时候，人们会特意把育林区围起来，以免狍子啃食嫩芽和树叶。

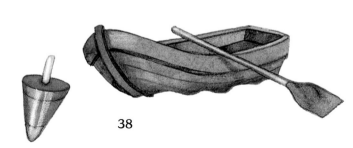

梦中的森林

鸟儿合上了眼睛，
在树上沉入睡梦。
森林变成了梦境，
变得深沉而庄重。

月亮静静升上天空，
此刻没有一只鸟在歌唱，
没有一片树叶在颤动。
只有远方，
远方响起
星星的歌声。

克里斯蒂安·摩根施特恩（Christian Morgenstern）

路边的发现：
有"房子"和没"房子"的蜗牛

在森林里，你会发现许多蜗牛。一些蜗牛背着"房子"慢慢爬行，而另一些的背上空无一物。没有"房子"的叫作蛞蝓。

蜗牛没有脚，它们在自身分泌出的黏液上滑行。这种黏液不恶心，而且它还是一种对蜗牛很有益处的物质，能够保护蜗牛，以免它柔软的身体受伤。所以蜗牛能够安全地爬过锋利的物品。你知道吗，对我们人类来说，蜗牛的黏液是一种药品。如果你在森林里受了伤，伤口有点儿流血，可以捉一只蜗牛，让它从你的伤口上爬过——蜗牛的黏液可以去痛止血，就像创可贴一样！不过，我不建议这样做哦！

葱蜗牛

罗马蜗牛

黑蛞蝓

大蜗牛

蝴蝶和蜗牛

一只蝴蝶嘲笑一只蜗牛，
说它整天只知道躲在自己的房子里。
一个小男孩来逮蝴蝶，
蜗牛微笑着钻回了小房子。

伊格纳茨·弗里德里希·卡斯特里（Ignaz Friedrich Castelli）

外套膜腔

浅棕阿勇蛞蝓

40

森林工作坊：
一些有趣的游戏和手工

森林沙发

在森林中漫步时，如果你想在一张舒适的沙发上休息一会儿，你并不需要把沉重的家具拖过去，只需要充分利用木头、树枝、树叶和地面上随处可见的其他材料，就能做出来一张森林沙发。如果大家齐心协力，制作森林沙发就是小事一桩。

首先，把比较粗壮的树枝、树干并排摆一圈，摆成一个"鸟巢"，注意要留一个人口。然后，把比较细小的树枝和木头堆到上面，或者填充到缝隙里面，再不断加人体积更小的材料来填充你的森林沙发。最后，你可以铺上几层厚厚的落叶来充当沙发垫。

你可以和朋友们在这样的森林沙发上进行各种活动：一起野餐、听鸟儿的演唱会、讲故事、做手工或者玩游戏。

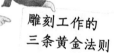

**雕刻工作的
三条黄金法则**

• 只在坐着的时候雕刻；
• 刻刀远离身体；
• 雕刻的时候跟同伴保持
  距离。

雕刻手杖

雕刻使人快乐。但是刻刀很锋利，一不小心，你就会划伤自己。因此，在进行雕刻时一定要时刻遵守左边的三条黄金法则，这一点非常重要！

路过榛子树的时候，你可以在新长出的枝条中剪下一根比较结实的，作为手杖，然后用刻刀在上面刻上各种形状，比如圆形、螺旋形、圆点、十字、锯齿等。刻刀会把树皮划出浅色的花纹，它们看上去格外美观。这样一来，你就拥有了一根独一无二的手杖。

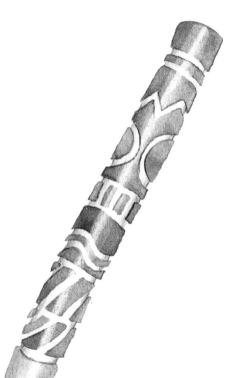

制作森林矮人

从榛子树的树枝上小心地锯下一块木头。在锯的时候，注意保持木头的底面水平，再在顶部锯出斜面，作为森林矮人的脸。在上面粘一小截木头，这样矮人就有了鼻子。然后，用彩笔给矮人画上眼睛和嘴巴。现在，我们的矮人还缺一顶帽子。你可以用一片树叶、一块方形的布或者一张纸叠一顶大小合适的帽子，粘在它的头上。

木头骰子

游戏开始前的准备工作：

- 从一截木条上锯下四个长度相等的木块，作为木头骰子；
- 在每个木块的任意一面涂上相同的颜色；
- 给每个玩家十块鹅卵石。

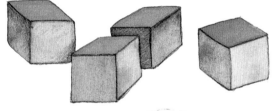

然后游戏就可以开始了：

首先，所有人把鹅卵石放到中间。

一个玩家连续掷出四个木头骰子，然后大家一起检查朝上的面。如果有颜色的和没有颜色的各有两个，那么这名玩家获得一块鹅卵石；如果是四个没有颜色的，玩家获得两块鹅卵石；如果是四个有颜色的，则获得三块鹅卵石。

在掷出的骰子中，如果朝上的面是三个有颜色的和一个没颜色的，或者一个有颜色的和三个没颜色的，那么掷骰子的玩家必须给鹅卵石最少的玩家一块鹅卵石。最先获得十块鹅卵石的人赢得游戏。

迷你石头桥

用扁平的石头堆起两个桥墩，在桥墩上搭一片大叶子，再用鹅卵石压住这片叶子的两端。然后，你就可以和这座迷你石头桥玩了！

你可以继续装饰这座石头桥，把它打造成一个精美的艺术品。好好利用你周围所有好看的东西吧！

如果你和其他人一起玩，你们也可以试着依次往这座迷你桥上放鹅卵石。事先猜猜叶子做的桥面究竟能托住多少小石子吧！

你需要：

- 扁平的石头
- 一片大叶子
- 两块鹅卵石

树干平衡达人

如果你在森林里发现了倒在地上的大树，也可以把粗壮的树干当成你的游乐场。虽然你无法像小松鼠那样在树上上蹿下跳、嬉戏玩耍，但你可以在躺倒的树干上玩一些游戏。你可以尝试在上面走，锻炼自己的平衡能力。稍加练习之后，你也可以增加游戏难度，试试闭上眼睛走。

如果你和其他人一起玩，你们可以分成两组，分别从树干的两端出发，在相遇的时候，想办法绕过对方，并且要保证自己不会从树干上掉下去。

弹跳杖

运气好的话，你会在地上捡到一些树枝，找一根手指粗细、微微弯曲、大约两米长的树枝。这可是一根神奇的"弹跳杖"。走路的时候，你可以把树枝的尖端抵在地面上，稍微用力向前压，松手之后，这根手杖就会疯狂地上下弹跳起来！

狐狸和兔子

这也是一个多人游戏。当一只兔子陷入危险的时候，其他兔子会伸出援手：一旦狐狸出现，想要捉住某只兔子的时候，其他兔子会想尽办法，不让狐狸得逞。这是整个游戏的核心。

在这个游戏里，一名玩家扮演狐狸，其余玩家扮演兔子。狐狸要努力捉兔子。如果一只兔子发觉自己被狐狸盯上了，可以一边大声呼喊"狐狸来了，快帮帮我"，一边伸出一条胳膊。如果狐狸碰到这只兔子前，被追捕的兔子成功抓到了同伴的手，就表示她（他）安全了。其余兔子在伸手帮助同伴时，也要注意别被狐狸捉住。如果狐狸跑得更快，成功捉到了兔子，那么就由被捉到的兔子扮演狐狸，新一轮游戏开始。

松鼠上树

这个游戏需要多人参与。

首先，所有人在躺倒的树干上随便找个位置站好。然后，共同完成一个任务——按照身高或者年龄调整次序，也就是说，个头最矮或者年纪最小的孩子站到最前头，个头最高或者年纪最大的站到末尾，其余的人按顺序排好。换位置时，不要从树干上掉下去。你们可以用手抓紧彼此。如果有人掉下来，游戏就要重新开始。

最终完成游戏的时候，你们可以合影留念，庆祝齐心协力取得的成功。合影的时候可以摆出松鼠上树的姿势，展示你们的灵巧和可爱。

用矮人的颜料作画

当森林矮人想要画画的时候，它们会先去大自然里寻找颜料——毕竟，森林里遍布着各种色彩，比如说：

- 来自泥土的浅棕色、深棕色甚至黑色；
- 来自松树皮的棕红色；
- 从树干上小心刮下的粉末的绿色；
- 碾碎树叶后获得的深绿或浅绿色；
- 来自森林浆果的鲜艳的玫瑰红和紫色。

你可以用两块扁平的石头挤压或者研磨土块、树皮、树叶、浆果等材料，直到它们变成粉末或液体。

再把收集到的颜料分别放到不同的玻璃瓶里，加入黏结剂，轻轻搅动，然后你就可以动手作画了！

你可以直接用手掌和手指在一张大纸上画画。这样的创作方式会给你带来无穷的乐趣。把画好的画挂在两棵树之间晾干，会有路过的精灵和矮人欣赏你的大作。

你需要：

- 四根笔直结实的树枝
- 细绳
- 各种用来装饰的草、苔藓、藤蔓、树根和细枝

森林标本画

把树枝拼成方形，用细绳将四个角扎紧，做成画框。

在框上系一些绷紧的细绳，然后像织布一样，把各种装饰材料穿插在细绳间，做一幅独具特色的标本画。

森林宝藏与回忆

　　森林里有许多宝藏：鹅卵石、空蜗牛壳、羽毛、小石子、被甲壳虫啃出漂亮图案的木头、树叶、花朵……

　　从这些宝藏里挑出两样你最喜欢的，把其中一样留在你最爱的地方（比如你的森林沙发前面），同时留下你很快就会回来的承诺，然后带另一样回家，纪念在森林里度过的那些美好时光。

森林童话朗读会

　　你晚上钻进暖和的被窝里时，不妨听一个童话故事。在进入梦乡前，和童话角色们一起在森林里经历紧张刺激的冒险吧！你可能遇到危险的怪物、中了魔法的树、乐于助人的仙女和矮人、女巫、男巫、受到诅咒的青蛙、美丽的公主、强壮的熊、狡猾的狐狸、灵巧的鹿……森林里发生过许许多多故事，下面这些与森林有关的童话只是其中的一小部分。你知道这些故事吗？

- 《雪白和玫瑰红》
- 《森林中的老妇人》
- 《鸟弃儿》
- 《小弟弟和小姐姐》
- 《小红帽》
- 《六只天鹅》
- 《铁汉斯》

继续了解森林

你的附近有野生动物园吗？无论如何，那里都值得一去。许多森林动物生活在那里的大型禁猎区中，比如狍子、鹿、野猪，你还可能看到浣熊、狼和麋鹿。你可以在一边静静地观察它们。如果能观察到一个野猪大家庭里面新出生的小野猪，看到它们嬉闹的有趣场景，你一定会收获许多快乐。这在野外几乎是不可能的。

你有兴趣进一步了解森林里的生活吗？不妨加入一些自然保护组织，它们会定期举办适合儿童的活动。如果感兴趣，就快去找找吧！

森林里的植物和动物

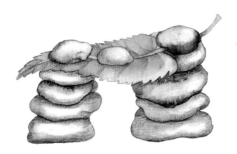

图书在版编目（ＣＩＰ）数据

　森林的自然课 / (德) 卡特丽娜·特本霍夫著；
(德) 雷娜塔·斯利希绘；李慧译 . -- 福州：海峡书局，
2022.4
　ISBN 978-7-5567-0910-6

　Ⅰ . ①森… Ⅱ . ①卡… ②雷… ③李… Ⅲ . ①森林动
物—儿童读物 ②森林植物—儿童读物 Ⅳ . ① Q95-49
② S718.3-49

　中国版本图书馆 CIP 数据核字 (2022) 第 010584 号

本书中文简体版权归属于银杏树下（上海）图书有限责任公司

图字：13-2021-107 号

出 版 人：林　彬
选题策划：北京浪花朵朵文化传播有限公司　　　出版统筹：吴兴元
编辑统筹：冉华蓉　　　　　　　　　　　　　　责任编辑：廖飞琴　龙文涛
特约编辑：王心宇　　　　　　　　　　　　　　营销推广：ONEBOOK
装帧制造：墨白空间·唐志永

森林的自然课

SENLIN DE ZIRAN KE

著　　者：[德]卡特丽娜·特本霍夫
绘　　者：[德]雷娜塔·斯利希　　　　　　　译　　者：李　慧
出版发行：海峡书局　　　　　　　　　　　　地　　址：福州市白马中路 15 号海峡出版发行集团 2 楼
邮　　编：350001
印　　刷：天津图文方嘉印刷有限公司　　　　开　　本：787mm × 1092mm 1/16
印　　张：3.5　　　　　　　　　　　　　　　字　　数：55 千字
版　　次：2022 年 4 月第 1 版　　　　　　　　印　　次：2022 年 4 月第 1 次
书　　号：ISBN 978-7-5567-0910-6　　　　　定　　价：56.00 元

读者服务：reader@hinabook.com 188-1142-1266　　投稿服务：onebook@hinabook.com 133-6631-2326
直销服务：buy@hinabook.com 133-6657-3072　　　官方微博：@ 浪花朵朵童书